AF356106

ASSOCIATION FRANÇAISE

POUR

L'AVANCEMENT DES SCIENCES

CONGRÈS DE LILLE

1874

M ___________________________

PARIS

AU SECRÉTARIAT DE L'ASSOCIATION

76, rue de Rennes.

ASSOCIATION FRANÇAISE

POUR L'AVANCEMENT DES SCIENCES

Congrès de Lille — 1874.

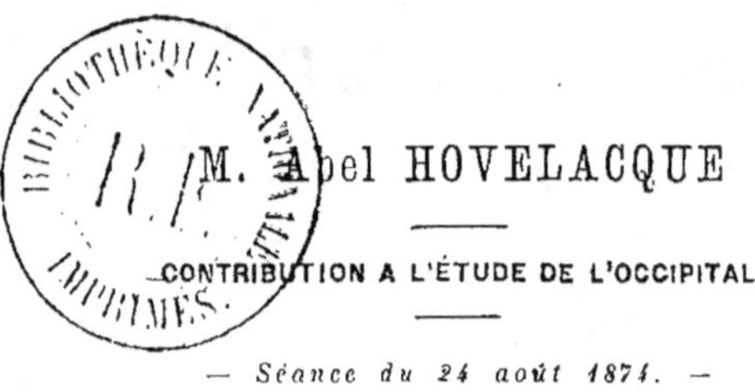

M. Abel HOVELACQUE

CONTRIBUTION A L'ÉTUDE DE L'OCCIPITAL

— Séance du 24 août 1874. —

I.

Le jour est encore éloigné sans doute, où, à l'aide d'une longue et sûre expérience, l'on sera arrivé à se rendre compte de la valeur respective des diverses mesures prises sur le crâne humain. Tel critérium peut voir son importance fléchir plus ou moins, tel autre peut obtenir une faveur de plus en plus considérable, tel autre enfin, auquel l'on n'avait pas songé tout d'abord, peut être appelé à entrer sérieusement en ligne de compte.

En somme, — et dans l'état actuel de la science, — l'on ne saurait recourir à un trop grand nombre de procédés pour rechercher ce que les races diverses offrent de corrélations et de divergences.

Pris isolément, — même sur une grande moyenne, — les différents caractères du crâne n'ont rien d'absolu. Il n'en est aucun, peut-être, qui ne se trouve déterminé soit par la structure générale, soit par la conformation particulière de telle ou telle partie plus ou moins avoisinante.

Juger d'après une seule caractéristique, fût-elle de premier ordre — comme l'indice nasal, — non-seulement cela serait téméraire, mais cela se trouverait en contradiction flagrante avec les plus simples enseignements de l'expérience. L'indice céphalique, par exemple, à ne s'en rapporter qu'à lui, entremêle confusément des races très-distinctes, sous d'autres rapports : par exemple, les Nubiens, les Esquimaux, les Corses, les Hindous au teint clair, les Hottentots ; ou encore les Lapons, cer-

AG

tains groupes de Néerlandais, les Bas-Bretons, les Javanais. Il arrive aussi qu'une seule et même race partage avec telle autre race un caractère déterminé, tandis que, par un second caractère non moins précis, mais très-différent, elle se rapproche d'une race tout autre ; l'Esquimau, par exemple, n'est pas très-éloigné de l'Australien par sa voûte crânienne, et sa face le rallie aux populations ouralo-altaïques.

En somme, à l'heure actuelle, il n'est pas encore permis de dire que toute espèce de mensurations nouvelles n'ait qu'une faible chance de succès ; celles-là peuvent toujours se produire légitimement, qui sont le fruit d'une expérimentation sérieuse.

II.

Nous nous sommes occupé de la mensuration de l'occipital humain, à un point de vue auquel, pensons-nous, l'on ne s'est pas encore placé.

L'on a recherché successivement, — et non sans arriver à d'heureux résultats, — quelle était l'importance de la projection maxima postérieure, à partir du bord antérieur du trou occipital ; quelle part occupait l'occipital dans le circuit horizontal crânien ; quelle était la courbe de l'occipital dans le sens antéro-postérieur (c'est-à-dire du lambda au point médian du bord postérieur du trou occipital) ; quelle était la proportion respective de la partie occipitale sus-iniaque et de la partie cérébelleuse ou occipitale inférieure.

Nos propres recherches ont porté sur la direction transverse, non-seulement en ce qui concerne le diamètre maximum, ou bien une courbe quelconque passant par tels ou tels points précis, — mais bien avec égard à la relation du dit diamètre transverse et d'une ou plusieurs courbes précises plus ou moins déterminées. Il s'agit, en un mot, non d'une mesure abstraite, mais d'une corrélation, d'un rapport : le rapport d'un arc à une corde.

III.

La corde en question, c'est le diamètre transverse compris entre les fontanelles postéro-latérales. Dans nos recherches, là où un os wormien rendait difficile la détermination du point en question, nous avons pris le parti de nous abstenir.

Avec la corde dont il s'agit, prise à l'aide du compas à glissière, nous avons mis en relation deux courbes prises sur l'extérieur de l'occipital avec le ruban métrique.

Première courbe. Le ruban partant de la fontanelle postéro-latérale gauche va gagner la fontanelle droite, en passant par la protubérance occipitale externe et en suivant de façon approximative, — mais en ligne directe, — le trajet de la ligne courbe supérieure.

Bien que la protubérance occipitale externe ne corresponde pas exactement à la protubérance interne, on peut dire toutefois que l'arc ci-dessus désigné, pris sur l'extérieur de l'os, répond de façon générale, — en ce qui concerne sa direction, — à l'arc qui suivrait intérieurement les gouttières du sinus latéral, en passant, au milieu de sa course, par la protubérance occipitale interne.

Si nous remarquons, — et nous nous en sommes assuré par l'examen de nombreuses coupes, — que, de chaque côté, les gouttières latérales aboutissent aux fontanelles, nous constaterons que l'arc dont il s'agit est établi sur une base anatomique : son point de départ est précis, c'est la double extrémité de la corde transverse ci-dessus déterminée, et il répond, dans son parcours à la séparation des fosses cérébelleuses et des fosses cérébrales, du cervelet et des lobes postérieurs du cerveau.

Seconde courbe. Le point de départ et celui d'arrivée ne sont pas changés, mais l'arc ne se dirige pas forcément par la protubérance occipitale externe. Il relie une fontanelle à l'autre en suivant, de façon approximative, un plan horizontal, c'est à dire sensiblement parallèle au plan de la vue ou au plan condylo-alvéolaire. Le tracé de cette seconde courbe, de ce second arc, n'est donc pas purement arbitraire. Dans la pratique il est utile, avant de le mesurer, de le tracer d'avance au crayon sur le crâne même.

Ce deuxième arc est loin parfois de correspondre toujours au précédent. S'il s'en rapproche beaucoup chez les Croates, chez les Bas-Bretons, chez les Auvergnats et chez les individus appartenant aux populations ouralo-altaïques, de même aussi chez les Malais, par contre il s'en éloigne notablement chez les Cafres, chez les Nègres du Sénégal et chez les Nubiens. Écart considérable également dans certaines races d'Europe : les Corses, les Basques et, chose curieuse, les Néerlandais.

Au surplus, il faut bien se garder de croire que cette deuxième courbe soit en rapport quelconque avec la projection maxima postérieure de l'occipital. A la vérité, il y a bien quelque connexité lorsqu'il s'agit des races ouralo-altaïques, mais chez d'autres races l'occipital forme au-dessus de cette courbe transverse une sorte de chignon plus ou moins proéminent : bien marqué, par exemple, chez les Esquimaux, parfois chez les Guanches, souvent chez les Basques espagnols, presque toujours chez les Corses.

IV.

Nous avons cherché quel était le rapport centésimal de ces deux arcs
à la corde précitée. L'arc formé par la courbe passant sur la protubérance procure, dans le tableau suivant, le rapport A, la courbe horizontale procure le rapport B.

	Rapport A	Rapport B		Rapport A	Rapport B
61 Bas-Bretons	119,9	125,7	5 Annamites	117,9	121,8
83 Auvergnats	115	122,2	3 Siamois	118,5	120
11 Croates	121,1	123	5 Mongols	117,8	119,3
13 Roumains	119,6	123	15 Esquimaux	123	125,9
13 Guanches	121	126	13 Cafres	119,6	124,6
16 Basques	122,1	133,7	18 Wolofs	120,3	126,3
25 Corses	124,3	137,7	3 Mandingues	120	128,5
48 Néerlandais	121,7	135,8	16 Hab^ts du Cap-Vert.	120,5	125
7 Tsiganes	120,3	127,7	4 Nègres du Soudan .	121,6	127,5
32 Javanais	116,4	118,9	19 Nubiens	122	130,4

La comparaison de ces diverses mesures amène à des résultats qui ne
sont pas sans intérêt et qui confirment d'ailleurs des conclusions ac-
quises de façon différente.

a. Nous remarquerons en premier lieu la concordance des deux
courbes inter-pariétales chez les Mandingues, les Wolofs et les habi-
tants du Cap-Vert, tous dolichocéphales. La différence de longueur des
deux courbes est d'approximativement 7 0/0 en moyenne.

b. Les Tsiganes présentent, on peut le dire, des résultats identiques à
ceux du groupe précédent : un premier rapport de 120,3, un second
de 127,5. Devons-nous chercher la raison de cette coïncidence dans la
part qui revient, chez les Tsiganes, à des éléments très-inférieurs qui
concoururent, dans l'Inde, à la formation de leur race? Le fait est pos-
sible. En tous cas, les Tsiganes sont mésaticéphales.

c. Chez les Esquimaux, race très-dolichocéphale (indice de 71 à 75), la
différence d'étendue des deux arcs que nous étudions est moindre : 123
et 125,9 0/0. On n'est donc pas en droit de dire que la différence
en question réponde proportionnellement au plus ou moins grand diamètre de la courbe antéro-postérieure du crâne. Il se peut toutefois
que cette tendance à une corrélation réelle entre l'allongement du crâne
et la différence d'étendue de nos deux courbes soit modifiée ici par un
autre élément : nous voulons dire la face mongolique de l'Esquimau.
C'est là, d'ailleurs, une question se rattachant à la connaissance de l'archi-
tecture générale du crâne, dont les principes, actuellement, ne sont
pas encore suffisamment déterminés.

d. Chez les vrais Mongols, par contre, et dans les races qui paraissent leur être alliées de près, — brachycéphales ou sous-brachycéphales, — la diversité d'étendue des deux courbes, celle passant par la protubérance occipitale externe et celle tracée horizontalement, est minime, parfois elle est nulle. Elle est de 1 1/2 0/0 chez les cinq Mongols. Chez quelques Lapons, Finnois, Magyars, Mandchous et autres individus appartenant également à des populations ouralo-altaïques, elle est, de même, ou minime ou nulle (1).

e. Les brachycéphales et sous-brachycéphales javanais ne présentent aussi qu'une faible différence entre la longueur des deux courbes, à savoir 2 1/2 0/0. Sur seize autres Malais de diverse provenance, la diversité est de 1 1/2 0/0. En somme, les quarante-huit Malais que nous avons étudiés offrent en moyenne une première courbe de 116,6 0/0 du diamètre interpariétal, une seconde courbe de 118,4; écart moyen : 1,8, ce qui est presque insignifiant.

f. Minime différence également chez les brachycéphales siamois, dont l'indice céphalique est de 84, d'après M. B. Davis.

g. Deux des branches actuellement connues et bien déterminées de la race celtique, les Bas-Bretons, sous-brachycéphales, et les Auvergnats, brachycéphales vrais (2), offrent entre la longueur de leurs deux courbes inter-pariétales une diversité d'environ 6 1/2 0/0. Cela nous a un peu troublé; nous nous attendions, en effet, à un autre résultat; nous supposions que les deux arcs seraient encore plus rapprochés l'un de l'autre qu'ils ne le sont en réalité. La solution de cette difficulté est malaisée. Nous n'osons penser à un vestige d'anciennes races préhistoriques dolichocéphales.

h. — Chez les Croates brachycéphales (indice 84,3), les deux courbes sont fort rapprochées l'une de l'autre : 121,1 et 123.

i. — Chez les Roumains, eux aussi brachycéphales, la différence de longueur des deux courbes est d'environ trois et demi pour cent. Elle n'a rien d'extraordinaire chez une race brachycéphale. Peut-être serait-elle réduite à trois ou même à deux pour cent sur une moyenne, non plus de treize, mais de trente ou quarante spécimens. C'est ce que des études subséquentes nous apprendront peut-être. Quoi qu'il en soit, on peut dire, d'une façon générale, que toute recherche sur la race roumaine actuelle souffre d'un grave inconnu : l'inconnu de la race des Daces d'il y a dix-huit cents ans.

---

(1) Voici d'ailleurs nos mesures : cinq Lapons : premier arc, 117,4, deuxième, 117,5; deux Finnois : premier arc, 118,7, deuxième, 119,6; un Ostiaque : premier arc, 120,9, deuxième, 122,7; deux Magyars : premier arc, 119,1, deuxième, 121,4; un Mordvin : les deux arcs, 118,1; un Bouriate : les deux arcs, 116,3; deux Mandchous : premier arc, 118,5, deuxième, 119,8.

(2) P. Broca : *la Race celtique ancienne et moderne*, in *Revue d'anthropologie*, t. II, p. 577.

j. — Chez les Néerlandais, la différence entre la courbe passant par la protubérance occipitale externe et la courbe approximativement horizontale, est considérable. Et pourtant ils sont sous-brachycéphales, leur indice est de 80,3. La diversité qu'ils montrent ici d'avec les autres races brachycéphales et sous-brachycéphales a manifestement sa raison dans la forme même, dans la forme générale de leur crâne. Le brachycéphale néerlandais n'a point comme l'Auvergnat, moins encore comme le Croate, une tête globuleuse. Vue de profil, elle semble même allongée. Cela tient à ce que la partie sous-iniaque de l'occipital, la partie cérébelleuse fuit rapidement vers l'orifice occipital et présente un aplassement singulier. Nous retrouvons cette conformation dans des races inférieures très-dolichocéphales et dont le crâne est loin, très-loin d'être aussi capace que celui des Néerlandais.

h. Terminons par les Basques d'Espagne, les Corses et les Guanches. Ces trois races sont sous-dolichocéphales (1), et quelque affinité plus ou moins intime a été soupçonnée entre elles. La comparaison des deux mesures qui nous occupent révèle clairement cette affinité entre les Corses et les Basques; relativement à la mensuration absolue, l'écart est faible entre les deux races, et relativement à la différence de longueur des deux arcs pris chez chacune d'elles, la diversité est encore minime : cette divergence est chez l'une de onze pour cent, chez l'autre de treize. A la vérité, elle n'est que de cinq chez les Guanches. — Il ne serait pas sans intérêt de comparer avec les résultats donnés par les Basques, les Corses et les Guanches, ceux que fourniraient les Kabyles (2), un peu plus dolichocéphales, et les crânes préhistoriques plus ou moins rapprochés du type dit de Cro-Magnon, un peu plus allongés encore.

V.

En finissant cette courte notice sur la longueur de deux courbes transverses de l'occipital comparées au diamètre de la ligne qui rejoint un angle des pariétaux à l'autre, nous ne pouvons nous empêcher d'admettre que ses résultats eux-mêmes, — et nous avons argumenté le plus souvent sur de fortes moyennes, — plaident en sa faveur. Ils confirment, en effet, de façon frappante, les affinités de populations rapprochées déjà à bien d'autres égards.

L'expérience, juge irrécusable et unique, nous apprendra si cette corrélation est réelle ou seulement spécieuse.

(1) Corse : 75,3 ; Basques espagnols, 77,6 Guanches, 75,5 (Broca, *Revue d'anthropologie*, t. I, p. 423), 75,7 (B. Davis, *Thesaurus craniorum*).
(2) Faidherbe, *Congrès international d'anthropologie et d'archéologie préhistoriques*. 6ᵉ session. Bruxelles, 1872, p. 419.

LILLE. — IMPRIMERIE DANEL.

ASSOCIATION FRANÇAISE
POUR L'AVANCEMENT DES SCIENCES

EXTRAIT DES STATUTS ET RÈGLEMENT

Votés par l'Assemblée générale du 27 août 1874.

STATUTS.

ART. 4. — L'Association se compose de membres fondateurs et de membres ordinaires ; les uns et les autres sont admis, sur leur demande, par le Conseil.

ART. 5. — Sont membres fondateurs les personnes qui auront souscrit à une époque quelconque une ou plusieurs parts du capital social : ces parts sont de 500 francs.

ART. 7. — Tous les membres jouissent des mêmes droits. Toutefois les noms des membres fondateurs figurent perpétuellement en tête des listes alphabétiques, et les membres reçoivent gratuitement pendant toute leur vie autant d'exemplaires des publications de l'Association qu'ils ont souscrit de parts du capital social.

RÈGLEMENT.

ART. 1er. — Le taux de la cotisation annuelle des membres non fondateurs est fixé à 20 francs.

ART. 2. — Tout membre a le droit de racheter ses cotisations à venir en versant une fois pour toutes la somme de 200 francs. Il devient ainsi membre à vie.

La liste alphabétique des membres à vie est publiée en tête de chaque volume, immédiatement après la liste des membres fondateurs.

Les souscriptions sont reçues :

Au SECRÉTARIAT, 76, rue de Rennes ;

Chez M. MASSON, *trésorier*, 17, place de l'École-de-Médecine.

Les souscriptions des membres fondateurs peuvent être versées en une seule fois, ou en deux versements de chacun 250 francs.